吕 幸　　　　　　　　著
飞思数字创意出版中心　　监制

★人人都能当 YOUKU 导演

DV拍摄真简单!

電子工業出版社·

Publishing House of Electronics Industry

北京·BEIJING

上了白羊·皓翔老师的数码剪辑课后，我们这群LKK（平均年龄在50岁以上）的老人，竟然也能通过网络在线制作影片，还能将非常单调的相片用光影魔术手加上文字，弄上美美的边框，再贴上标签，做成一部能够完美呈现个人风格的DVD。很多朋友都找我要呢，真开心！

烧饼/上了两期的学生，旅游车司机

▶ 内湖社区大学影片剪辑班
各界学生
一致好评推荐

胡老师：
您的教学参考漫画卡通书，终于快出炉了，恭喜！恭喜！

*.○.乐学猫/数码剪辑
二期学生

我忍不住想要很大声地说：
"杰克，这实在太神奇了！"因为学会了它以后，只要有活动，我都能做出让大家惊叹羡慕的影片，而且我再也不用求美编同事帮忙，充分开动脑筋，抓住自己的感觉来完成作品。这种成就感，超棒！超爽！

吴真美/秘书

多才多艺的帅哥白羊：
"生活导演奥斯卡"课程，让我学会了如何上网搜集资料，如何修剪、美化、合成照片，如何做出一部有"生命力"的影片，我还在这次同学会上大大表现了一番，获得不少好评，太棒了！感谢您！！

Sherry/好学不倦的
"奶奶级"学生

童年时幻想着用照片写日记，高中时代面临大考，每周至少要看两部电影，纯粹迷恋影像的异想世界，几经筛选，今年冬天挤进白羊之家，人生的黑白和彩色任由我切换，有了白羊老师的指导，我终于圆了拍片梦！

Cher/四年级中级班学生

以前照的相片很单一，没什么变化，现在学会了用多种形式来呈现，创造出多姿多彩的影片，给生活增添了不同的乐趣。尤其当我把精心制作的光盘送到朋友手中时，看到他们脸上露出的光彩，觉得学会了这门技术真的是非常值得、非常开心！感谢皓子老师耐心教导我们这些上了年纪的人，现在的我也是走在时代尖端，不输给时下的年轻人哦！

叶栩华/家庭主夫&农夫

我想说的是上数码剪辑这门课真是收获良多，有了老师的用心教导，除了软件本身的应用之外，还另外教我们使用很多好用的免费软件，让我们的影片、照片可以更生动活泼，It's Wonderful！！~~~Thank you very much!! ^^*
我真的迫不及待想要看到老师的这本好书。

Nora/4年5班，家庭主妇

将散落于电脑的影像集结成纪录影片，将闲置的相片转换为心中的某些感动。无论黑白还是彩色，都将成为珍贵的流金岁月。
以上皆为作为一名学生的深刻体验，学习要趁早，观念和做法要跟上规范。

老猫/三年八班，爱猫
自在一族

上了您的课，我终于可以扬眉吐气，制作光盘给朋友欣赏，朋友们无不叹为观止。

左秀员/二年七班，
国防语文学校日语退休老师

把每张照片用编辑软件进行修改、加框、加字、汇总、美化，再配上背景音乐做成影片烧成光盘，自己高兴、快乐的同时也能成为亲朋好友的时尚宠儿，哈！何乐不为？

Kaviaz/家庭主妇

外星人白羊

总觉得白羊（皓翔）是"Man in black"（星际战警）里面，是在地球专门负责管制外星人总部的什么特派员，又或许他本身就是外星人，是派驻地球的代表，他不但神秘而且有趣，路数跟我们不太一样，总带给人们意料之外的惊喜。

他的父亲是国内电影江湖上，赫赫有名的资深优秀电影音效师，胡师傅比较正常，沉稳内敛，我们曾经在1999年拍摄《条子阿不拉》时合作过，胡老英雄的录音功力深不可测，后期制作更是神乎其技。

跟皓翔认识是因为《阳阳》的导演郑有杰，找他来当侧拍，有杰说这人很有意思，拿了一部皓翔拍的学生作品给我看，我看完之后就产生了皓翔可能是外星人的怀疑，再加上在《阳阳》的拍摄期间，看他每天像个外星人在观察地球人一样，背着一个DV晃来晃去，什么也没做，不知道他在干些什么，当时就在想，如果最后他交不出东西，就算认识他

爸爸，也不付他工钱。

最后在公司里剪出了他的侧拍，才知道他不但在拍，而且作品让人惊艳，后来我还知道，他不但拥有拍片与剪接这些在影像方面的天赋，而且他对于声音的天份更是惊人，可能是来自他老爸的优良基因。他目前在影像方面的工作，还只是为了兴趣，而吉他教学和演唱才是他目前的收入来源。我看过他的音乐表演带子，他不但弹得出神入化，还能把吉他当古筝弹，他不但精通影与音，还能穿越古与今，因此会让人怀疑他是外星人，并不是没有道理的。

不能再写了，再写会让他太骄傲，即使是外星人，骄傲也不是一件好事。

他要出书了，也没什么了不起。外星人吗？不过我倒是可以作证，他还真的是有些特异功能。

（本文作者为知名导演及雷公电影公司负责人）

目前，数码相机和数码摄像机已经得到广泛使用，不论走到哪里几乎都是人手一机，也成为大众保留回忆或记录过程的主要工具，大多数人的困扰都并不在于简单的拍摄，而是整理剪辑及保存时所面临的重重困难。

胡皓翔老师是内湖社区大学在上述课程需求下所寻找聘请的教师，他不但拥有学术理论基础，且有丰富的实践经验，因此深受学员欢迎，通常课程才开始招生不久就已满额。而胡老师在教学过程中，因为没有合适的教学书籍可以使用，因此就有了出版本书的想法。本书以轻松有趣的方式将影像剪辑的相关内容及技巧做了详尽的描述，使读者可以很容易地阅读和学习，值得一读，很荣幸在本书出版之际，能向读者大力推荐。

林金铭

内湖社区大学副校长

什么……我的学生白羊·皓翔要出书了？果真是名师出高徒……咳……我是指社大的学生很优秀！在此推荐这本趣味性与实用性兼具的轻工具书给您。

王希俊

台湾师范大学图文传播学系主任

皓翔本身其实就非常精彩，在部落格里他是很人文的版主，在短片中他是很有个性的导演，也同时是内湖社大的金牌讲师。现在他出书了，称得上是一位作家吧！然而这些都不是皓翔最重要的特质！热心、亲切、谦恭才是他吸引人的地方。这些特质，相信您会在书中慢慢发现。

张芳德

内湖社大秘书长、爱基会副执行长

这是一本让人人都可以成为导演的书。当我打开这本秘籍，我感受到白羊浓烈的碎碎念……哦不！是感受到原来影片剪接如此简单。虽然我早就会一些剪接技巧了，但是白羊却将这些看似复杂的程序，转化成最自然最简单的方式。如果您也是跟史蒂芬·斯皮尔伯格或周星驰流着相同血液的未来之星，却苦于学不到影片剪接，请好好熟读这本书，因为我相信，只要有心，人人都是大导演！

发条

人气部落格作家、插画家及编剧

这群宝贝学生教我的事

国际明星理查德·基尔与我的合影留念~哈哈~

现在所播放的这个画面，是台湾保育类蝴蝶"珠光凤蝶"……

眼前的埃及法老王陵墓，是我之前在埃及时所拍下来的画面……

"太棒了！"

看完这些学生们的精心杰作，不禁想用尽全身的力量，为他们鼓掌。您相信吗？几个月前，他们中的大部分可能连DV都还不太会操作，现在已经会剪接、会配音、会特效，不但能记录下精彩的生活片段，还能通过合成，一圆和偶像合影的梦想。在台下我们一同欣赏这些作品，我的内心充满了无比的喜悦。

回想2008年9月，我进入内湖社区大学任教。

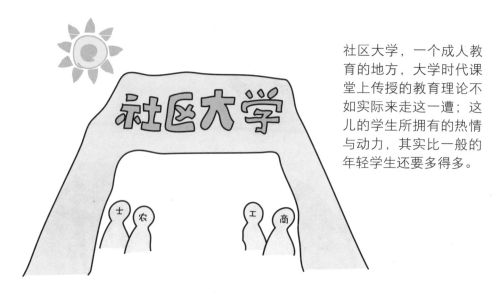

社区大学，一个成人教育的地方，大学时代课堂上传授的教育理论不如实际来走这一遭；这儿的学生所拥有的热情与动力，其实比一般的年轻学生还要多得多。

"没关系，慢慢来就会了。"
刚开始上课时，我鼓励他们。

学生："老师啊～我们不能慢慢来了！"

市场上有关剪辑的电脑书籍，大多放在硬邦邦冰冷的"电脑区"，那些书对于他们而言，并不合适，其实就算是对一些年轻的初学者来说，也常常会感到有些距离。

本书阿婆的故事，**是由真人真事改编**——我的一位学生出国旅游回来，看到同行的一位年长成员制作的旅游影片光盘，她大大震惊，从而激发了她产生要学会影像剪辑的想法！后来在我们的共同努力下，**她竟然真的做到了**！

教学过程中种种的感动，是我完成这本书的动力；课堂上学生们认真的提问，也不断充实我写此书的灵感。本书试着从一个轻松的角度切入，希望能让年轻朋友到爷爷奶奶，从十岁到八十岁，阅读起来统统零负担，然后用影音剪辑发挥你们的创意，做自己生活的大导演，这就是白羊流派轻工具图文书的宗旨。

本书特色&说明

本书绝无添加艰涩难懂的专有名词和长篇大论的解释。

流程说明完全"口语化"，给您清爽无负担的学习享受。

无论高龄一百二的阿婆，还是看图比看字更"舒服"的小朋友，

羊哥包管您营养好吸收快，看得轻松、消化容易、无头晕目眩副作用。

七天！真的只要七天！ 人人都能成为Youku上的大导演！

📷 拍摄设备

1. 手机、相机、摄像机。您手头所有能够拍摄动态影像的机器都行。
2. 脚架。轻轻一把小三脚架，避免手晃脚抖，可以让拍摄更加稳定。

🎞 硬件设备

1. 电脑系统为Windows XP或Windows Vista。
2. 传输线。把影像从拍摄设备传输到电脑时，您需要**FireWire传输线**或**USB传输线**、光盘机，具体看您手头的拍摄设备而定。
3. 网络。方便您将大作上传到Youku。

▮ 软件使用

本书以Windows XP的"Movie Maker"为教学软件的版本，Windows Vista的使用者，操作步骤也一样哦。

登场主角介绍

林祖婆

因为受到汉堡爷爷的刺激立志要学会影像剪辑，于是找上了邻居羊哥，是一个情绪化的热血阿婆。

座右铭：学无止境

羊哥

职业是影片剪辑老师，住在林祖婆家隔壁

座右铭：抢购卷筒卫生纸

达达

林祖婆的宠物

兴趣：吃窝窝头
特长：倒立和装无辜

皮克

羊哥的好朋友神经大条的路人角色

兴趣：偷阿婆家冰箱里的胡萝卜

CONTENTS

★动态摄影UP UP!★

Chapter 1

牛人orz 打造超完美影像
原来专业导演都是这么拍

Chapter 2

让短片更出色的免费魔法
用免费软件学剪接

啊！蝴蝶～

噗～

太近了...

★三分钟学编导★

CONTENTS

Chapter 3

给我好故事 其余免谈！

旅游·Party·宠物·儿童 影音编导样样行！

瞄准…

★好好用特效★

Chapter 4

看过来!
网络免费百宝箱

超炫特效 影像合成 光盘标签 不花钱统统搞定

Chapter 5

常见问题大集合

新手上路,不要怕!超实用的Q&A在这儿

序曲——林祖婆的神秘光盘

一切都是因为一封信开始的……

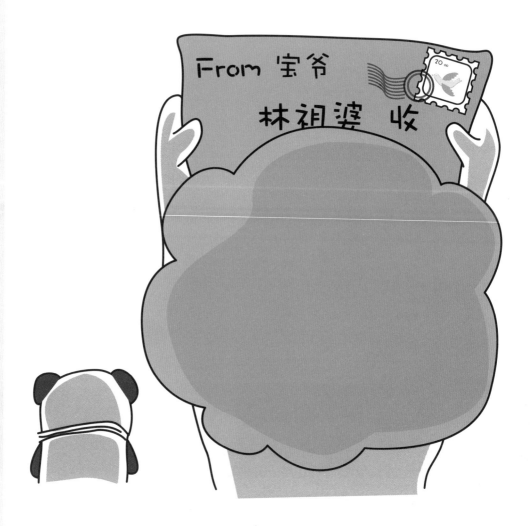

宝爷……是哪位啊……
难道是……上次我和达达跟
团一起出国旅游，
有一位一直拍照的那个汉
堡爷！

因为宝爷在团里年纪最大，却一直在帮大家拍照，所以大家都记得他。

不过他造型太特别了，所以我只记得他是汉堡爷爷。

感觉里面是光盘……
最近不是有什么偷拍
敲诈光盘……，莫
非……

我林祖婆一世清白~~
没想到毁在您汉堡爷爷的手下~~
呜呜呜呜～我不依、我不依~~~

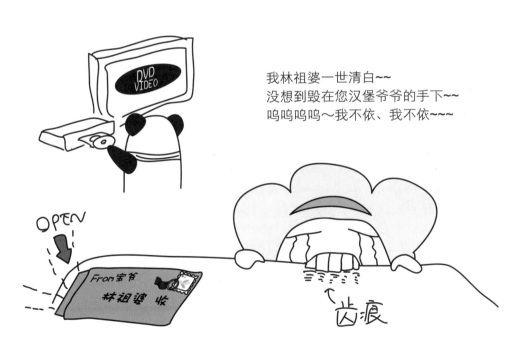

咦？这是我们出去玩的影片光盘啊……

令人怀念的美景啊……达达你偷溜到那上面做什么~

哦~这是瞬间移动吗！

出现星星了~ **这是什么！！！！**

啊……这是我玩钉床的照片（其实只是做做样子……）

达达你是不是在推我……

影片又过了15分钟……

呜呜~~~~

汉堡爷比我年纪还大，他怎
么可以这么厉害啊？呜呜~太
感人了~我以后要叫他国宝爷
~呜呜~~~

咦！？ 指导老师是羊哥！
什么~~~
只要七天？
汉堡爷爷就学会了！（惊）

于是，我找上了羊哥……

……七天！您愿意不辞辛劳、跋山涉水、日以继夜、披荆斩棘、悬梁刺股……（以下略）……学会这项技能吗？

没问题！（羊哥念一大串是在念什么……）

我答应您。不过有点饿，先吃一点东西吧……

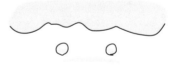

啊！？

Chapter 1

Production

Chapter 1 动态摄影UPUP **DATE**

牛人orz
打造超完美影像

▶ 原来专业导演都是这么拍

......

动态影片Easy go

对于一般人而言，似乎需要一种神秘的技巧，才能把动态影片拍好。其实动态影片和静态照片最大的不同，在于动态影片具有"时间"的变化，静态照片则只是记录当下的一瞬间，动态影片的故事要如何说得精彩在后面会提到，阿婆您现在要先练基本功哦——"摄像机运动"。

皮克为林祖婆的生日拍了照片，单单一张照片，很难说明当时有多震撼！拍成影片，效果就来了！

有图有真相，还原现场情境，请看：

想当导演，不用再抵押房子卖祖产。只要用手头现有的简单3C产品，人人都可以拍出生动的影片。例如：

手机

相机

数码摄像机

数码摄像机又分为磁带摄像机、DVD摄像机、硬盘摄像机、记忆卡摄像机，这么多种，其实说穿了，最大的差别只是存储方式的不同，此外和电脑传输时的方式也有所差异。

不管通过哪一种影像记录器材，**所有的摄像机在拍摄时是允许移动或者说运动的！**这和相机拍照有很大的不同，相片只有用到特殊的摄影技巧时，才会在拍摄时让相机移动。而摄像机运动有很多种，接着我们就来看看几种在日常生活中随时都可以用到的技巧！

随手Q来Q去 画面好清晰

▶ 摄 像 机 运 动 ❶ C u t

在跑之前，一定是先学走；要动之前，一定要先学"稳"。想要纹丝不动地拍摄画面，良好、稳定的摄影姿势是很重要的，如何才能保持稳定呢？

握好DV后，用上臂贴着身体，减少不必要的晃动，右手臂是保持稳定的重点，肢体不要过于紧绷僵硬。

我是模特儿

站立时双脚与肩同宽。

左右手上臂贴着身体

左手支撑

DV

也有专门的器材，比如三脚架！如果影片需要拍摄稳定的画面，不需要大量的移动画面，可以考虑使用此器材。后面会介绍一种玩意儿，叫"摄像机运动"，有了三脚架，就可以达到稳定、少晃动的"摄像机运动"的成熟效果。

三脚架

如果没有三脚架，出门在外也可以依靠其他支撑物品，比如别人的肩膀、路旁的扶手或者倚靠电线杆，但是请注意自己与机器的安全……

CUT，是构成影片很重要的镜头元素。对于初学者而言构图精准、画面稳定是首先要学会的第一课。

稳定！避免画面不必要的晃动，减少观赏者观看时的困扰。初学者不需要追求华丽的摄像机运动技巧，只要用稳定、有条理的方式，把画面捕捉下来，就可以编织成一部好看的影片。

什么年代了……

360度尽收眼底 流畅百分百

▶ 摄 像 机 运 动 ❷ P a n — 攀

把摄像机当成我们的头，转头浏览眼前的事物。

但是如果看到重要的东西就 PAN 来 PAN 去……

结果就是……

正常人把头转来转去也会头晕，虽然摄像机不会头晕，但是事后看影像的时候，结果就相当于这样。

好的PAN应该**定好下半身**，上半身保持稳定舒服的姿势，慢慢转动腰以实现最少的晃动。

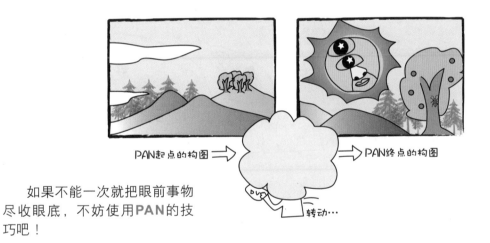

PAN起点的构图 ➡   ➡ PAN终点的构图

如果不能一次就把眼前事物尽收眼底，不妨使用**PAN**的技巧吧！

移动摄像机时，要特别注意四周是否有障碍物，虽然只是腰部的转动，但摄像机是突出的，所以仍然有可能撞到障碍物，轻则影响运动过程，重则导致镜头受损。更严重的就是——人和机器一起遭殃啦。在这个圈子里，大家很少会用"摇摄"这个词来交流，一般习惯说PAN（攀）这个英文单词。好好学这个词，很有专业导演的范儿哦。

仰望+俯视必杀技　我把小树变大了
▶ 摄 像 机 运 动 ❸ Tilt—直摄

把摄像机当成我们的头，抬头或低头浏览眼前的事物。

外出旅游不能这样恶搞……

什么时候会用到TILT呢？外出旅游有时会看到大树、雄伟的建筑、峡谷或瀑布等，这个时候，如果想把所有的画面都拍下来，只有站在很远的地方拍摄，或者使用直攀（TILT）的技巧才能实现。

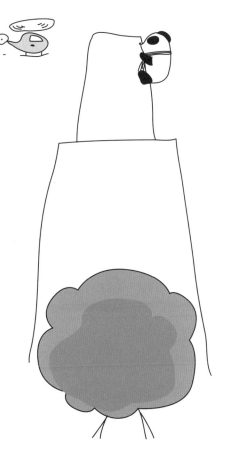

首先保持稳定的站姿，然后慢慢地、稳稳地抬起头，这样摄像机和手也就自然而然地跟着抬起来了。这个简单的动作，就是TILT UP。总之一句话，在所有拍摄过程中"**保持稳定**"，绝对是学习动态摄影的正途。

相反地，从上往下就称为"TILT DOWN"。

初学者移动镜头时，千万不要心急，别忘了您的手还拿着摄像机，不管是上下还是左右，移动镜头时都要控制速度。不要让摄像机横冲直撞！也不要把摄像机当水蛇腰一样乱扭！要体会移动的"过程"也是我们记录的一部分。

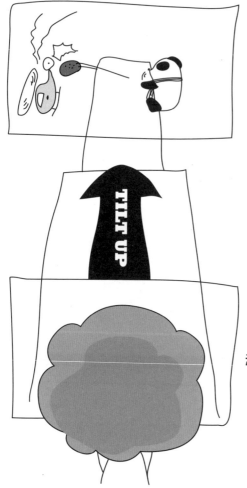

终点

是的，阿婆做得很好，先设定一个起点，接着往这个事物的终点TILT UP。

（达达可以不用玩了，快下来……）

起点

对于某些摄影师来说，PAN也是TILT，所以听到他们会说PAN上、PAN下，这个大家不必太在意！只是严格来说，PAN是左右移动，TILT是上下移动。刚开始学习这个技巧时，要随时提醒自己，移动镜头时要"匀速"，等到技术熟练后，您可以试着在拍摄时，什么时候可以加速？什么时候可以减速？灵活运动镜头，镜头语言将会更有张力，套用一句歌唱评委的话：您拍摄的画面就会有您的"style"！

狗仔队的秘密武器 特写全景一把抓

▶ 摄 像 机 运 动 ❹ Z o o m — 变 焦

通过调整焦距，可以放大或缩小画面。

给我拍清楚他的脸啊！

ㄎㄎ

即使站在远处，只要利用"变焦"，就可以清楚捕捉到皮克的脸。

兔皮疙瘩…

来来来…
画面放大拍得比较清楚…

50 cm

这样犯人不就发现您了……

淘汰！

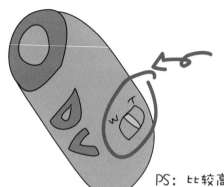

家用摄像机有ZOOM的按键或拉杆，
放大、缩小画面就靠它

PS：比较高级的机种还有转环可以用来控制变焦

相机也有这样的ZOOM功能，要注意如果镜头是定焦的，那就没法使用这一招了哦～

变焦缩小画面（ZOOM OUT）

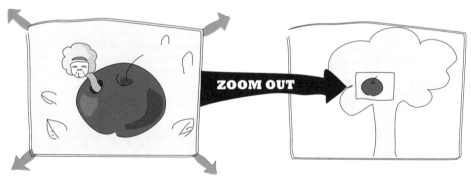

从重点的细节开始拉 让观众逐渐看到周围的景色

画面说故事：从前有一个阿婆，很喜欢吃苹果。她住在阳明山顶最高的那棵大树上。

变焦放大画面（ZOOM IN）

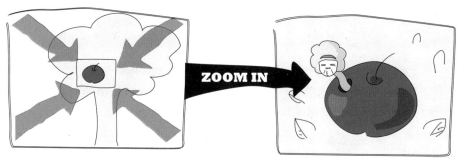

这样可以强调想要表达的重点信息 让观众看得更清楚

画面说故事： 在阳明山顶最高的那棵大树上，有一个阿婆住在上面。她最喜欢吃的食物就是苹果。不同的方式会传达不同的意思，要如何说故事，阿婆您过几天就会学到了～别着急～

❓ 变焦、对焦有什么不一样？
变焦是放大（ZOOM In）、缩小（ZOOM Out）画面，现在大多的家用摄像机都有此功能。对焦我们用另一种方式来解释：首先把手指放在眼睛前10厘米，此时看到的手指是清晰的，但后面却是模糊的，这是因为我们"对焦"在手指上。

❓ 数字变焦、光学变焦有什么不一样？
用一张字很小的报纸来举例：数字变焦就好比是拿报纸去影印放大来观赏；光学变焦则是拿着放大镜在观赏。两者相比之下，光学变焦画面质量胜于数字变焦。

ZOOM是放大、缩小画面，并不需要移动摄像机。放大或缩小画面的"过程"也非常重要，突兀地放大或缩小，会把自己和观众搞得头昏眼花。如果控制得体，观众就可以在画面中，享受那种谜题即将揭晓的刺激感，把大家吸引住一秒都不想离开画面……这是我们当导演的，多么期待的成果啊。
大家可以多试试ZOOM的速度，什么时候可以快些？什么时候可以慢些？
一般来说先从慢的开始吧～练好基本功很重要！

流动的记忆 打造我的偶像剧

▶ 摄像机运动❺Track & Dolly

TRACK，平行移动的拍摄，结果就像在坐车一路欣赏沿途景色。

DOLLY，把摄像机放在推车上，远离或者靠近被拍摄的对象，结果就像开车时后视镜中所呈现的影像。

快铺好了，不要动啊！

出去玩没有时间铺轨道吧～

Track & Dolly 这两种运镜方式，常被应用在偶像剧或电影中，如月台离别的场景，跟拍男女主角在散步时谈情说爱的画面等，是很能表现情感和记忆的运镜方式哦！

请勿模仿 危险动作

在车内就可以了啦！

最古老的摄像机运动即1896年法国摄影师把摄像机放在船上拍摄沿岸风景，借着船的移动就可以实现摄像机运动，现在出去玩只要在车内也可以达到这个效果！

当然也可以运用其他类似的概念来实现这个效果。阿婆您小心一点……摄像机很贵……

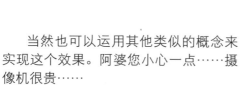

TRACK、DOLLY两个技巧很容易混淆，一般情况下，水平移动的摄影我们可以视为TRACK，距离被摄体移动是前后的相对关系我们称之为DOLLY。出去玩的时候，可以多利用搭车的时候来拍摄，是个省时又好用的方法！所有技巧都要建立在稳定的原则上，如果路面颠簸，拍摄出来的影片只会让人头昏目眩。

谨慎选择当下最适合您的技巧，截取最好的片段，利用剪辑功能让画面生动起来！PAN、TILT、ZOOM、TRACK、DOLLY这几种摄像机运动，只要多试多用，有时候也可以同时运用两种以上的技巧，相信不出多久，您的镜头就会更有张力和生命力！

这不是在阴曹地府……

▶ 动 物 小 剧 场

难得出来玩，来拍个日出好了

好美的日出啊...

偶像

我帮你们拍一张吧！

卫生纸

来哦～1，2，3说～萝卜！

......

难不成…

爷爷就在那个山头啊…

这不是在阴曹地府！！！

喂喂…

南无南无…
羊兄我会多烧一点胡萝卜给你…

啊？你吃不吃啊…那我留着好了…

笑…
"逆光"而已…　…

译：都黑了…我只有两种颜色已经很可怜了…

就是那道光！

▶ 灯 光 小 教 室

　　无论是拍照还是拍摄影片，光影层次都是画面中非常重要的元素。同一时间、同一景点，为什么有人可以拍出好的画面？正是因为使用了好的构图、取到了好的光影、抓到了好的瞬间！光！就是那道光，决定了画面的一切！让我们快来瞧瞧究竟如何才能取到好的光影～

顺 光　变漂亮

当被拍摄的对象面对着的、摄像机的后方是光源时，此时为"**顺光**"。
拍摄效果会让人物显得很亮；如果顺光拍摄风景，天空会特别漂亮。

逆 光　搞 神 秘

　　反过来，当被拍摄的对象背对着的、摄像机的正前方是光源时，此时为"**逆光**"。

　　拍摄效果会带点暗蒙蒙的感觉，人物显得很有神秘感，如果稍微运用仰角的拍摄方式，人物会带有救世主的英雄感！但是如果只是以观光游玩的照片来说，在这种情况下，建议最好改换拍摄角度或移动一下位置。

　　不要以为只有晚上才能用闪光灯哦！出现逆光或光线不足时，适当地运用闪光灯会得到很棒的效果！

侧 光　好 立 体

　　当被拍摄的对象、摄像机的侧面是光源时，此时为"侧光"。

　　这种光源可以鲜明地呈现人与物的立体感，尤其是在日出、夕阳的照射角度下拍摄，拍摄效果非常有张力！

补 光　好 神 奇

　　要想让画面出现多层次的光影，我们可以善用手边的小道具来"补光"！

日常生活小道具：锡箔纸、亮面书、雨伞

　　例如，雨伞、亮面书、锡箔纸，这类物品都能反射出柔和的光线。这个场景是不是很熟悉？对啦，路上看过别人拍婚纱照时用的就是这种道具来补光。使用时千万要注意，千万不要使用镜子或金属表面的物体，因为太直接的反射会造成过于锐利的局部亮点，此外被太阳强烈照射还会出现安全隐患哦。

Chapter 2

Production

Chapter 2

换您来做剪接师

DATE

让短片更出色的
免费魔法

▶ 用免费软件学剪接

剪接小帮手 就在您身边

▶ 1 2 3 启 动 我 的 M o v i e M a k e r

Movie Maker一直在电脑中沉睡吗？让我们来唤醒它吧！

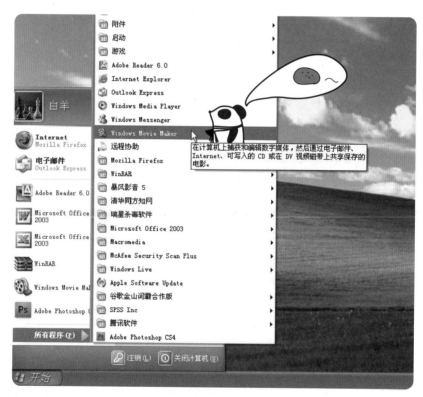

打开电脑了吗？就在"所有程序"里～ 点下去吧！

如果是vista的话，请看这边

有可能您的XP不是最新的版本，让我们来更新一下……

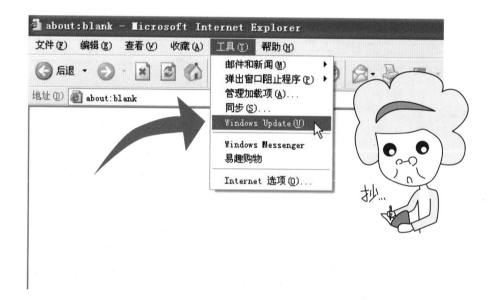

在网络浏览器中的"**工具→Windows Update**"就可看到，单击进去之后就顺着指示操作吧！如果不是正版的XP……羊哥不保证这一操作的任何后果……

接触一个新软件，首先要做的就是认识它的界面。

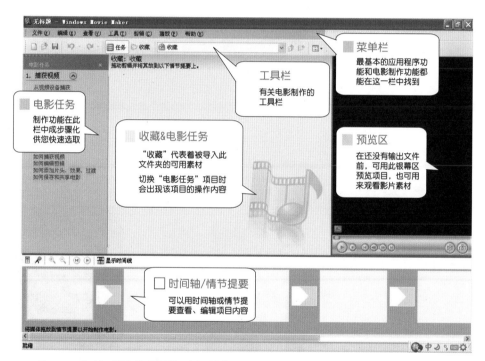

位于下方的**"情节提要/时间轴"**区域是我们之后工作的重点区，单击可切换。

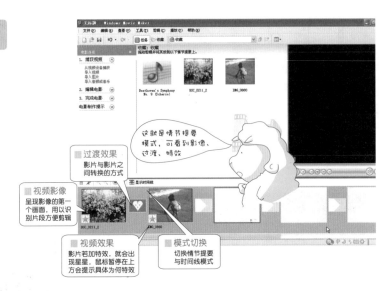

情节提要模式

■ 过渡效果
影片与影片之间转换的方式

■ 视频影像
呈现影像的第一个画面，用以识别片段方便剪辑

■ 视频效果
影片若加上特效，就会出现星星，鼠标暂停在上方会提示具体为何特效

■ 模式切换
切换情节提要与时间线模式

这就是情节提要模式，可看到影像、过渡、特效

时间线模式

这是时间线模式，多了音频与片头重叠轨道。打开视频轨道可以看到过渡、音频轨！算是更完整的编辑模式。

如果觉得预览区不够大，我们自己可以调整一下。

好了～大致上我们对界面的认识就到此，可以开始动工喽！！

如果任何一个工作区块不见了，请打开"菜单栏"中的"查看"，在下拉选项中勾选
一下该区块的名称即可。

我们会经常用到窗口上方的这几项基本功能，一起来好好认识！

请注意，左边保存好的项目，并不等同于右边的影片成品

 ≠

Project.MS WMM　　　　　　　　　电影.wmv

◆ 项目文件
就像手稿，写好之后就放着，
想更改时再拿出来继续修改
撰写。

◆ 影片文件
就像已出版的书，不可能再拿
回去随时修改。各位一定要特
别注意这两者的差别。因此，
给别人观赏的也是影片文件，
而不是项目文件。

❷ 如果影片输出成品之后，
想要更改内容怎么办？

1. 若项目还在，打开项目改
好之后再次输出影片。

2. 若项目不在，导入此影片
直接更改。

❷ 把项目输出成品影片之后，是否可以删除项目？

如果您确认好以下三件事，就可以删除项目：

1. 确认不会再修改这个影片。

2. 确认已经保存好了这个影片。

3. 确认想删的，正是这个已完成输出的影片的项目。

剪辑软件的三大步骤：导入素材、编辑影片、输出影片

❶ 首先，我们来导入素材！

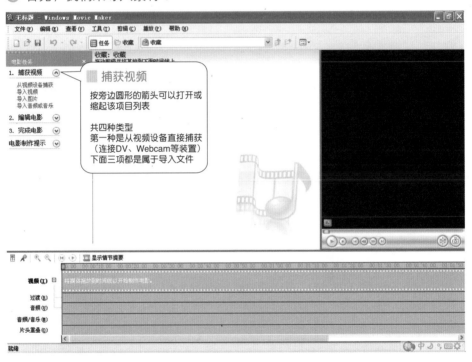

从录影设备或DV带中寻找，捕获您要导入的素材。

❷ 默认的捕获位置是在"**我的电脑→我的文档→我的视频**",不要捕获后就忘了位置哦!

❸ 视频设置会影响影片的质量。

◆ 如果希望影片质量好,羊哥建议使用第二个选项,这几年的家庭电脑等级已经可以处理此规格的影像。

◆ 如果只是想要在电脑上测试查看影片的剪辑效果,选择第一个选项即可。

◆ 第三个"其他设置"的选项,可以用来自己设置捕获的规格,在后面"输出影片"的章节,我会带大家进一步认识。

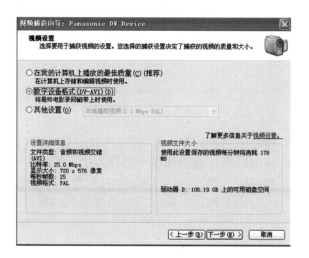

❹ 正式开始喽！选择"**开始捕获**"，捕获好的影片就会自动导入到 "**收藏**"里。

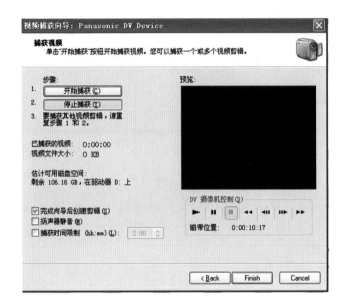

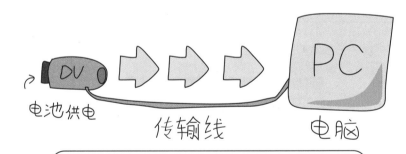

电池供电　　　传输线　　　电脑

■ 捕获视频

捕获中请勿移动DV，因为连接设备的接口、晶片很精密，送修可是一笔可观的花费哦！

捕获时，建议DV使用电池的电力，外接电源电压容易不稳定，有时也会造成机器损伤。

⑤ 接着让我们来看"导入视频"……

创建剪辑

如果勾选，程序就会剪辑侦测
（侦测是否为不同CUT），
将此段影片分割成小片段。
没有勾选，就是整段影片导入。

怪了，为什么"导入视频"后，"收藏"里原来的东西都不见了？

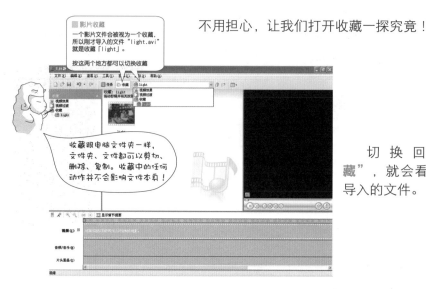

不用担心，让我们打开收藏一探究竟！

切换回"**收藏**"，就会看到之前导入的文件。

"**导入图片**"和"**导入音频或音乐**"这两个选项，只要选择导入，就会自动导入收藏里，不需要再另外设定。

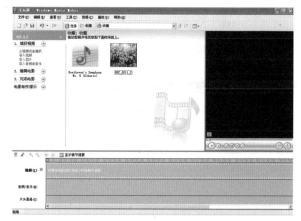

"收藏"就像是电脑中的文件夹，您可以重新命名或添加收藏。

新建一个"项目"，不会造成已有的"收藏"被清空。但如果"项目"越来越多，积一堆"收藏"会造成使用困扰，建议您删除一些不是这个项目的收藏。不用担心，这一操作不会让里面的文件消失，因为收藏就像一本点名册，删除只是擦掉点名册上的名字而已。

我的影像文件无法导入怎么办?
(或出现错误信息提示"一个界面有太多从下列来源开始事件的方法")

这是因为Movie Maker不接受您的影像文件格式,只要把这段影片进行格式转换,就可以了!

快来下载这个好用的格式转换软件"Any Video Converter",完全免费!

而且所有操作说明都是简体中文!

下载: http://any-video-converter.com/any-video-converter-free.exe

❶ 下载安装完成,亲切的简体中文界面就会立刻跳出来。选择"添加视频",找到我们要转换的文件。

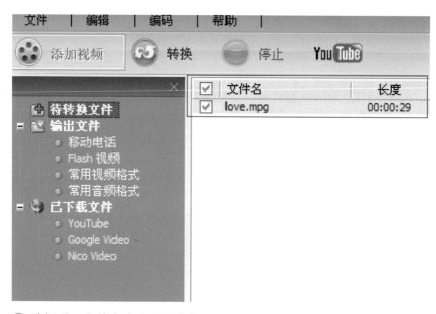

❷ 选好后，文件名会出现在中间，一定要确认它已被打钩，才能成功地进行格式转换哦！

❸ 在右上角，编码器建议选择"自定义AVI视频"。

❹ 调整"视频输出"的设置，这里要睁大眼睛看好哦！

❺ 选择输出的文件夹。单击"设置输出目录"，转换好格式后，我们就可以到设置的目录找到这些文件。

■ **编码器**：建议选择"wmv2"作为编码器。因为movie maker本身就是wmv系统。（第5章的常见问题篇，有详尽说明。）

■ **大小**：选用dvd的大小720*480。如果想要使用原始大小，可以选择"Original"。

■ **比特率**：我们选用2000。movie maker 输出2.1Mps的wmv，30秒大约是10mb，这样的剪辑质量，在网络上传输绝对绰绰有余。

看到状态栏变成百分比，就表示一切进展顺利！

■ **帧率（画格数）**：选用29.97 适合在电视机中播放。如果选择25，会带有一点电影放映的效果！

⑥ 设定好目录之后，选择"转换"。

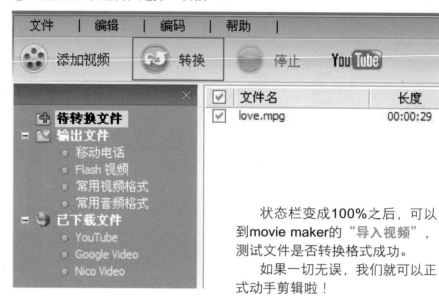

状态栏变成100%之后，可以到movie maker的"导入视频"，测试文件是否转换格式成功。

如果一切无误，我们就可以正式动手剪辑啦！

如果您的DV是以16：9的比例记录，设置方式会略有不同，要特别注意哦，如果没有设置好，影片会变形……

① 导入了素材之后，我们就可以把要用的素材拉到时间线上。

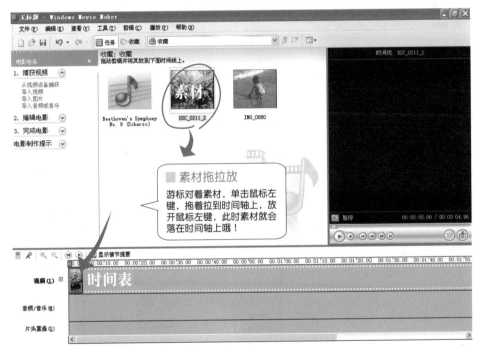

把影片或图片放在视频轨道，把声音放在音频轨道。

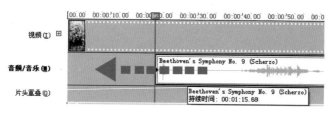

图中，蓝色的长条是移动后的位置

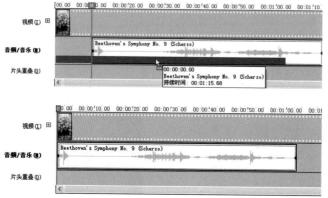

放开鼠标左键，素材就移动成功啦～

② 放好后，我们可以把素材移动至想要的位置，只要把鼠标移到素材上，当鼠标变成小手之后，单击鼠标的左键，往想要放置的时间方向移动。

口诀

"拖"想要的素材
"拉"到时间线上
"放"在对的位置。

❸ 右边的播放画面，正是预览播放磁头的目前位置。

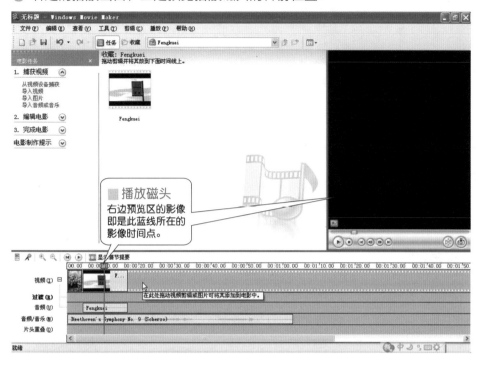

■ 播放磁头

右边预览区的影像
即是此蓝线所在的
影像时间点。

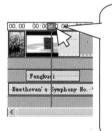

■ 播放磁头移动

要移动播放磁头只需将鼠标
按在蓝色长方形上，向左或
右移动；或在时间条上单击
鼠标左键，就会立刻到达该
时间点。

声音可以随意拖动位置，但是千万注意，绝不能
有任何一段影像是空的。

影片妙魔法❷ 素材缩拉切

口诀

"缩"短、"拉"长、"切"断

　　素材放好了，可是您不希望这段素材出现这么长？只想要这段影片或音乐的其中一小段？

　　这时，您只要把想要的素材，抓出起点和终点的时间点，用"缩拉"的方式来剪辑。

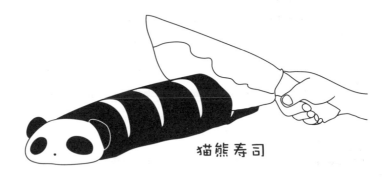

猫熊寿司

Tip A：拖拖拉拉法

▓ 缩放素材

当鼠标移动到素材的"头"或"尾"，就会变成红色双向箭头，此时单击鼠标左键向左或向右拖拉可缩放素材。

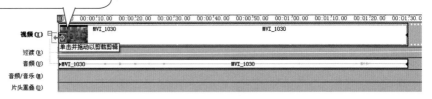

❶ 拉动红色双向箭头，去除此段素材前方不要的部分。

素材拖拉放

一边拖拉红色双向箭头，
一边看预览区的画面是
否是你想要的素材开始
或结尾处。

❷ 呼～ 放开鼠标左键就成功喽！同样，我们也可以把影片从后方往前拉，去
除后方不要的部分。

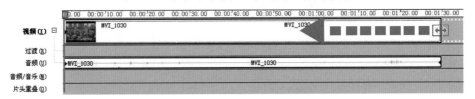

Tip B：快刀切断法

❶ 直接切断素材，把播放磁头放到想要切断的时间点。

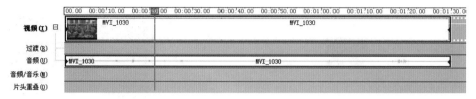

❷ 在右边的预览区有一个分割按钮，按下！（也可直接在键盘上按下 `Ctrl` + `L` ）

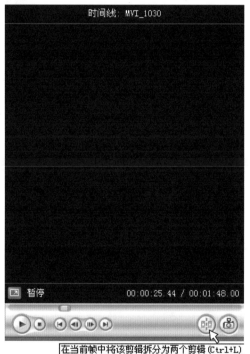

❸ 这样一来，素材就一分为二了！

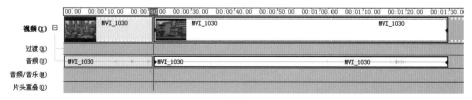

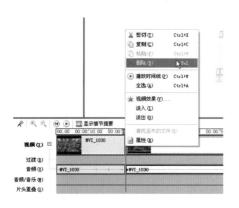

④ 用鼠标把不需要的段落框起来，单击鼠标右键，打开选项，选择"删除"即可。（也可按键盘的 键删除该段素材）

下列两种情形无法拉长素材：

1. 不可能拉长至超越原始影片、声音的长度。

2. 一旦切断，就无法拉长复原。想要完整的片段可以再从"收藏"里，把原始素材再拖放到时间线中。

如果想拉长静态图片素材，OK！静态图片素材的长度可以无限拉长。如果想缩短静态图片素材，请注意！静态图片素材只能从后往前缩短，不能从前向后缩。

 如果素材非常多，全挤在一起了，该怎么剪辑？

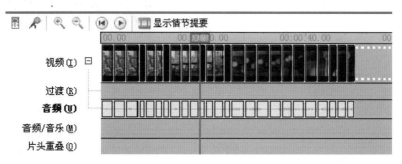

使用上方的"放大镜"功能，按"＋"可以放大时间线，按"－"则是缩小。

① 单击"查看视频过渡"选项，开始进行过渡喽！

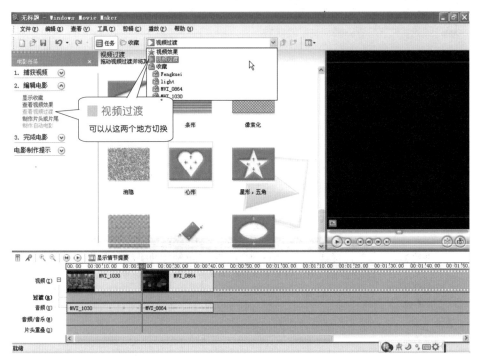

我转～

② 把喜欢的视频过渡，拖拉到两段素材的交接处。

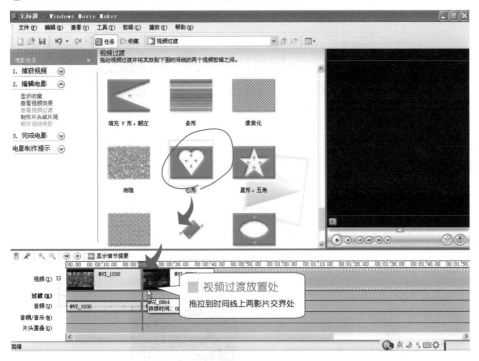

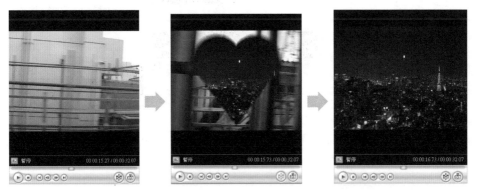

大功告成了！只要一个动作，就把过渡搞定啦！

如果我想制作照片幻灯片秀，但照片数量实在太多了，有没有办法让影片自动做好所有的过渡？

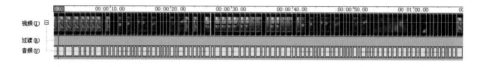

 有的！让我们切换到"情节提要模式"：

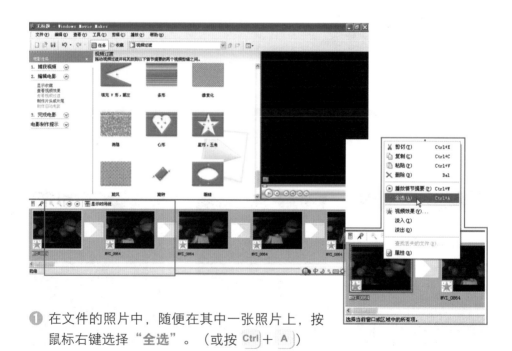

❶ 在文件的照片中，随便在其中一张照片上，按鼠标右键选择"**全选**"。（或按 Ctrl ＋ A ）

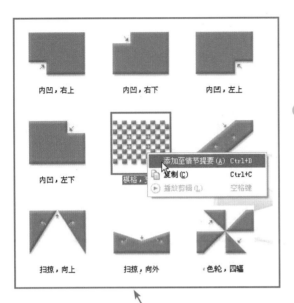

内凹，右上　　　内凹，右下　　　内凹，左上

内凹，左下

棋格，

添加至情节提要 (A) Ctrl+D
复制 (C)　　　　Ctrl+C
播放剪辑 (L)　　空格键

扫掠，向上　　　扫掠，向外　　　色轮，四幅

❷ 在上方选择您喜欢的过渡模式，并单击鼠标右键，选择**"添加至情节提要"**。

大功告成了！所有影片都一次性全部做好了过渡。

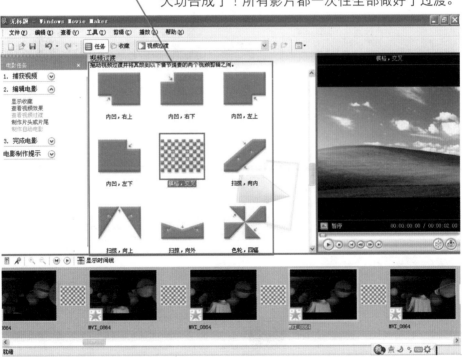

想在影片的开头与结尾，做出过渡效果？

 理论上，因为影片开头与结尾的前后并没有视频素材，因而无法做出过渡效果。

羊哥我推荐您试试这两个方法，可以制造很好的视觉效果。

第一种：淡入、淡出

在开头的素材，单击鼠标右键，选择"淡入"。

在结尾的素材，单击鼠标右键，选择"淡出"。

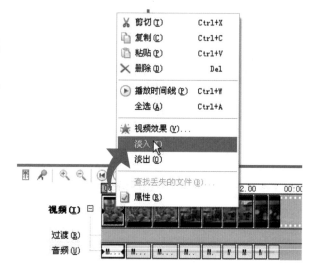

眼尖的朋友一定看到啦，单击之后，会出现星星图案的视频效果，因为**Movie Maker**是用视频效果的"从黑色淡入"与"淡出为黑色"实现过渡效果的。

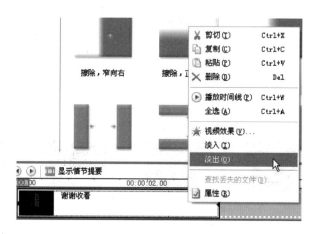

第二种：黑色卡片法

❶ 这个方式很特别，首先请打开"**画图**"。

❷ 自己DIY制作一张黑色卡片。

❸ 全部涂满黑色之后，保存。

④ 我们可以把画图关掉了，再回到 Movie Maker，把刚制作好的黑色卡片导入。

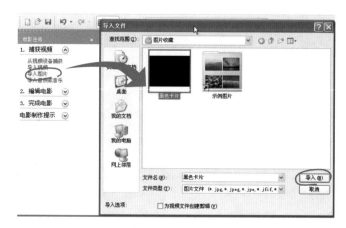

⑤ 把添加到收藏的黑色卡片放到时间线的开头（如果想处理结尾，就放到影片尾端。）

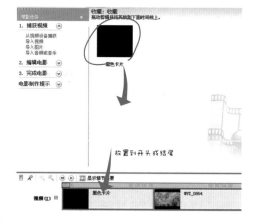

⑥ 最后，以过渡的方式将过渡画面放入！我们也可以用同样的方法处理影片的结尾画面。

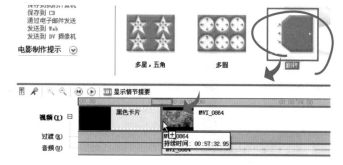

影片妙魔法❹ 字幕挖哇哇

羊哥我十分推荐各位试试在影片中添加一些字幕，既有助于理解画面，又能增强视觉效果。

❶ 在工作界面左边的"编辑电影"栏目里选择"**制作片头或片尾**"选项。

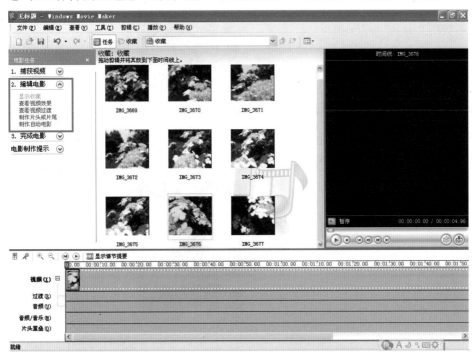

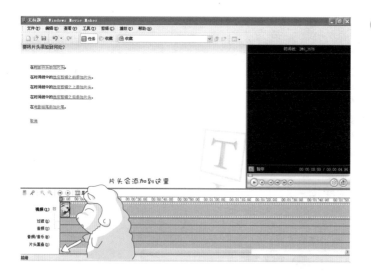

❷ 看起来好像是晕乎乎的一大堆，让人眼花缭乱，羊哥推荐使用第三个选项就可以了，片头就会自动加在播放磁头的位置。

❸ 单击之后，进入"输入片头文本"的界面。这是"片头，两行"编辑区，会出现上下两个文本编辑区域。

❹ 也可以试试不同的选项，这是"更改片头动画效果"。

1.片尾

　　文本编辑区的最上方为主标题，下方分为左右两个区域，具体请参照预览区中所呈现的。

2.片头，一行

　　文本编辑区只有单一区域

3.字体和大小都可以随意调整哦，我用"片头，两行"来示范。

4.单击**"完成，为电影添加片头"**就可以啦。

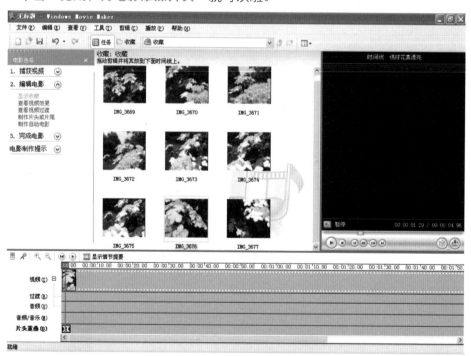

羊哥有什么推荐的片头动画效果呢?

移动片头,分层:
在"**片头,两行**"中的"移动片头,分层",可以用来制作特殊效果的片头文本。

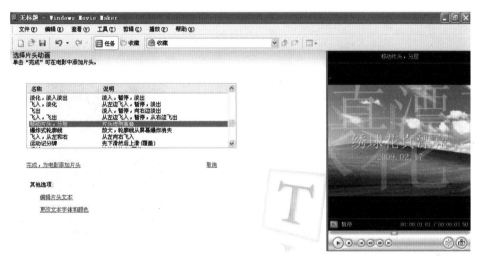

字幕: 位于"片头,一行"中,适合用来添加剧情对白。

字幕功能可以灵活运用，可以把字幕拉到视频轨道，成为独立的影像；
也可以把视频轨道上的字幕，恢复成纯粹的片头效果。

如果觉得动态字幕移动太快，只要拉长字幕素材的长度，速度就会变慢。
相反地，只要缩短字幕素材的长度，就会让动态字幕移动更快。

影片妙魔法❺ 特效调味料

想让您的影片来点"special"的特别效果，只要在视频效果区，动动手脚就可以。

这是什么…

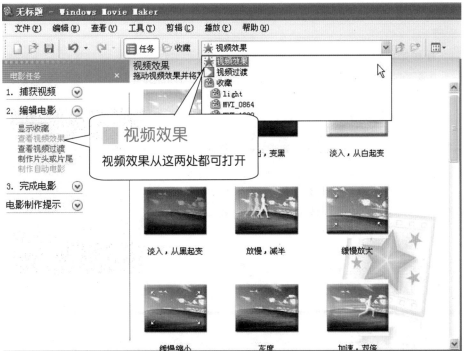

添加视频效果……

■ 添加视频效果

将喜欢的效果拖拉到想要添加特效的素材片段上，就会看到素材片段上会出现一颗星星，这就代表成功啦！

视频效果可以叠加。

■ 叠加效果

效果叠加的先后顺序不同，得到的最终效果也会大不相同，可以做一下实验看看！

不喜欢这个效果？没问题，在这个窗口里选择 **"删除"** 即可。

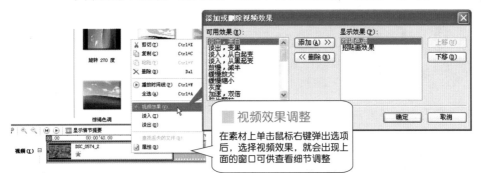

> ■ 视频效果调整
>
> 在素材上单击鼠标右键弹出选项后，选择视频效果，就会出现上面的窗口可供查看细节调整

特效前——
平平凡凡的一条小街

特效后——
马上有一种历史古迹的沧桑感！

只想在某一小段的画面添加效果？您只要先把那一段画面裁剪出来，再添加效果就可以了。

　　一个简单的按键，就可以创造出完全不同的视觉效果。多试试，相信您一定会玩上瘾，多找一些画面来玩特效吧！

电影文件这样存

终于，到了影片制作的最最最高潮部分！我们要输出影片，放映给亲朋好友们看啦～

❶ 单击"完成电影→保存到我的计算机"

快给自己的电影大作取个好名字，例如："林祖婆吃遍东京"，否则影片一旦埋没在茫茫片海之中，日后就难再找得到文件了。

默认的保存目录在"我的视频"找不到的朋友通过左下角**"开始→我的文档→我的视频"**就能找到了！

② 单击下一步，您会看到"设置"这一步骤。重头戏来了，请大家聚精会神！

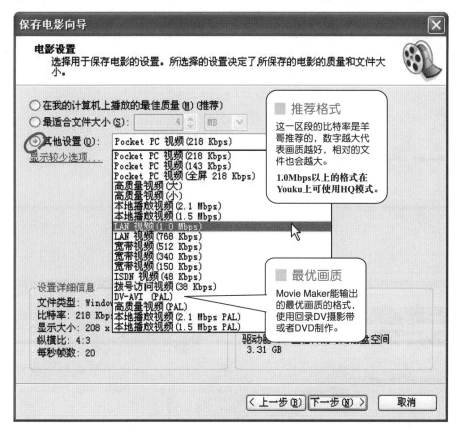

如果希望影片以高质量的画质上传到Youku，请选择图中蓝色所标示的"**LAN视频（1.0 Mbps）**" 单击下一步吧！

汪···请跟我走

❸ 影片保存的时间长短取决于影片的长度及制作的复杂程度，请耐心等待到100%。

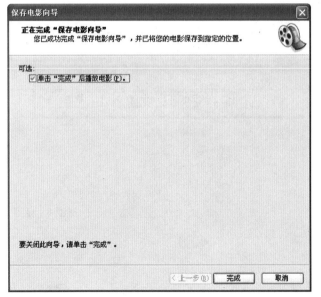

❹ 热腾腾的影片出炉喽～保留上方框内的绿色钩选中，单击"**完成**"，就可以播放啦！

◉ **为什么不全部选择最优画质的格式存储？**

　　根据具体的用途来取舍。如果您要用**mail**的方式发送影片，一般信箱的附件大小只有**10MB**，文件过大很难发送，到时候您的快乐就会成为别人的负担。

◉ **1.0Mbps 为什么比768 Kbps、512Kbps还要大？**

　　因为单位不同：**1024 KB = 1 MB**；简单来说就好比是**1**元人民币和**2**元日币，数字是**2**比较大，但是经过汇率（单位）的换算才能对两者进行真正的比较。

◉ **为什么推荐的格式最低只到512 Kbps？**

　　其实这是因为羊哥的眼睛只能接受到**512 Kbps**的画质……

◉ **什么是Youku的 HQ模式？**

　　这是指在**Youku**上，以高质量（**High Quality**）播放的影片。**影片规格是画面大小必须在640 x 480以上，比特率超过1.0 Mbps**。大家也可以选择更高的**1.5**或者**2.1 Mbps**的设置。

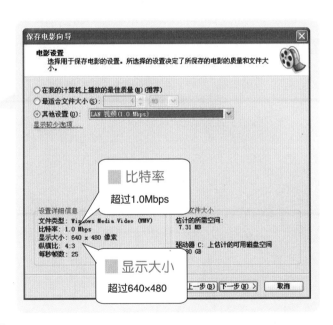

◉ **上传Youku有最低的格式限制吗？**

　　按照**Youku**公布的信息：分辨率是没有下限的，但是建议越高越好。

◉ **是不是可以上传HD画质的影片？**

　　可以的！但是**XP**的 **Movie Maker**是无法剪辑**HD** 影片的哦～使用**Vista**的朋友可以试试看！

是在看什么啊······

都中午了还在看～

http://www.youku.com/
全世界都在看这个网站！加入优酷，让全世界都能看到您的电影大作！

PS：由于影片牵涉版权问题，因此这里的画面以马赛克处理，敬请见谅！

进入首页就可以在右上方看到 **"注册"**，单击吧！

接下来就是填写个人资料，其实也没几项～很快就好啦！

新用户注册 轻松注册 10秒搞定

请填写以下信息，全部为必填：

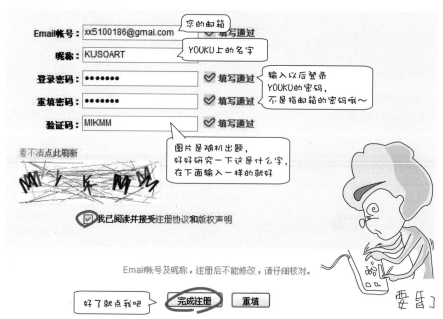

正式上传影片啦～

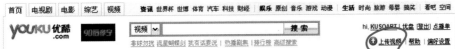

从电脑中选择您想要上传的影片文件。

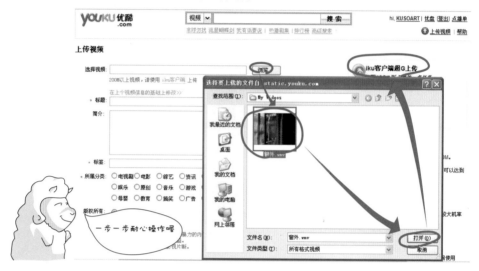

接着会出现关于影片的一些资料信息，需要上传者填写。

这些信息也可以在以后"我的资料"中编辑修改，不用担心现在写错不能改哦！

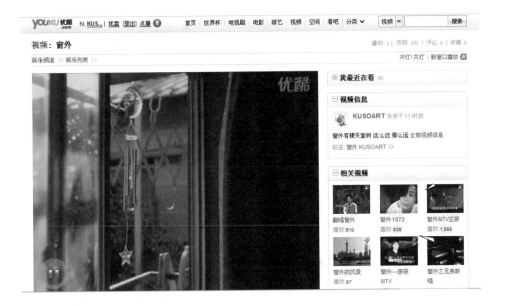

　　这下子，羊哥我就大功告成，把影片放在Youku上喽！赶快把网址复制起来，寄个信，告诉所有的亲朋好友们"我的影片在Youku上热映啦！"^_^

Chapter 3

Production

DATE

三分钟学编导

Chapter 3

给我好故事
其余免谈！

▶ 旅游 · Party · 宠物 · 儿童 影音编导样样行！

旅游拍拍乐

▶ 告 别 大 闷 锅 　 创 造 我 的 收 视 率

现在几乎人手一台数码相机，外出旅游时，大家都会努力拍照，以留下美好的回忆。如果想用这些拍回来的相片或影片来制作影像故事，挑选素材真的让人很头大，很多人干脆把所有的相片全塞到影片中，一次出游好几百张相片，完全没经过挑选、剪辑，于是就成了一部裹脚布一样长的影片。日后再观赏这些出游影片时，连自己都闷得想猛按快进。

这是为什么呢？因为这些影片缺乏"**主题**"、"**张力**"、"**戏剧感**"。

就像学生写周记一样，有人平铺直叙写流水账，有人会先抓主题、用"**起、承、转、合**"的方式营造张力。羊哥我先来示范说一个故事：

从前有一个林祖婆，为人耿直，是侠女中的侠女。遇不平之事必挺身而出。

在一场村庄保卫战中，却大败卷筒卫生纸妖怪……

救命呵～厕纸用完了～

她日夜苦思退敌之术，终于有一日……

用完了

胜

最后经过努力，林祖婆打赢了这场战役，村民们也终于回归和平安乐的生活。

这就是一个拥有起、承、转、合的故事。

天桥下说书的

如果一个故事只有"**起**"跟"**合**"……

皮克：就让我为大家说一个我写了很久的精彩故事。

Chapter 3

一个行侠仗义的阿婆。

她死了……

这什么烂故事～～～

因为兔子爱说谎，
所以就变成这样啦！
小朋友不可以说谎哦！

妈妈，为什么兔子的眼睛是红色的？

为什么妈妈的眼睛也是
红色的！！！！！

……皮克这个故事的确不大好……结局过于突兀，观众会摸不着头绪，我们还是回到旅游故事的起、承、转、合，喂喂……阿婆您可以放手了……

回到我们的旅游故事！
故事的开头设置为阿婆与达达在日本玩。

要去的目的地是…

这里！

先休息一下吧！

★外出游玩时，同一景物，大家可能会进行多个角度的拍摄和构图。但在影片中，只需要清楚地表达意思，因此在表述一件事情的时候，只需要用一个Cut（或一张相片）即可。

★这个影像，清楚地表达了"去哪里"。如果目的地的景点中有该处名胜的标记，推荐大家可以妥善利用。

★路边的美景非常值得记录，在户外拍摄时要注意被拍摄对象的光源方向。(请参考P.046动物小剧场)

★拍摄金属、镜面或水的时候，由于反射的关系，拍摄者很可能会入镜。如果您想保持神秘、不想入镜，可以换一个拍摄的角度，向旁边侧一些。

★在影像中，色、香、味俱全的食物只有"色"是我们可以感受到的，把食物的颜色和排列稍微动一下手脚吧～

★好的结局可以为影片创造出意犹未尽的效果。例如：合影留念，让人有种温馨感；一个有趣的结局画面，让影片活泼生动；未完待续的空镜头，赋予影片更多想象空间。大胆尝试各种叙事手法，为您的影片增加张力吧！

让我们用故事"起、承、转、合"的角度来看看这个影片脚本吧！

起 阿婆与达达搭公交车要去玩。

承 终于到达了儿童奔跑场。

转 饱览儿童奔跑场的各处美景，达达玩得很开心。

合 要搭车回去了，可是达达还是没玩过瘾，到了车站还在跑来跑去。

大至出国旅游，小至聚餐、逛夜市的散步，好的影像故事不仅仅是记录旅游美景，还会把游客的心情和感想也一起记录下来。
故事人人会说，说法各有不同，如何呈现就看各位的巧思了！

宠物拍拍乐

▶ 真的呀！ 您也可以制作非常好看的宠物当家

　　想要您的宠物，像电视剧"宠物当家"或电影里面的宠物一样，成为活泼可爱、有个性的主角吗？

　　大家都说：最难拍的就是小孩与动物。因为他们很难控制。即使是受过专业训练的宠物，拍摄一个cut也要花费很多时间。

　　羊哥传授几个拍摄重点，让您不用再捧着摄像机苦等宠物赏脸，运用适当的剪辑，您的宠物也能像电影主角一样上镜！

何况是凡人……

　　宠物篇要带大家记录可爱的宠物，让宠物成为电影大明星。达达、皮克，拍电影还是再说吧……

首先，一定要好好了解自己的宠物，找出它最吸引您的地方！

奔向您的时候

极品窝窝头

平日的生活记录

从这几个大方向入手搜集素材，
一定可以架构出很美妙的故事哦！

拍摄宠物时，要特别注意摄像机和镜头的安全。毕竟宠物是无辜的，不知者无罪，如果它们弄坏机器，到时怪谁都来不及！

动点小心思，设计一些有趣的画面，比如：让宠物穿可爱的服装、玩有趣的玩具，或用宠物最喜欢的食物来吸引它的注意。

羊哥刚刚谈的主要以家猫、家狗为拍摄对象，如果各位饲养狮子、老虎、变色龙、蛇等"特殊"动物，请注意自身安全，多多考虑执行的可能性。

字幕与画面的关系

　　文字在设计殿堂来说是一门学问，高矮胖瘦、字体、颜色和粗细等，都会在画面中传达不同的信息，在此我们简化这个专题，就来探讨一下字幕与画面的关系吧！

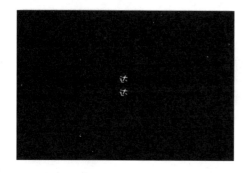

一张只有白色文字的黑色卡片，画面中没有其他信息干扰，能够清楚地传达文字的力量。

字体：娃娃体
背景：黑色
图案：无
文字位置：正中
文字方向：竖书

文字与画面一起出现在黑色背景上，不管看哪个，两者各有一半的信息要传达给观众！

字体：俪金黑
背景：黑色
图案：中间区域
文字位置：图片下方
文字方向：横书

画面很丰富，影片要传达的信息比文字还要重要，此时文字应搭配画面放在合适的位置。

字体：综艺体
图案：全画面
文字位置：画面右下方
文字方向：横书

　　如何在Movie Maker添加字幕大家早已学会了，务必注意字幕要与整部影片风格一致，初学者可以从调整字体、大小、位置与颜色开始研究，还要多多参考各种影片，将喜欢的手法记录下来。另外，影片中字幕出现和消失的方式也别马虎哦！

以下的范例使用黑底的文字卡片和画面来架构一个小故事。

1▶

4 ▶

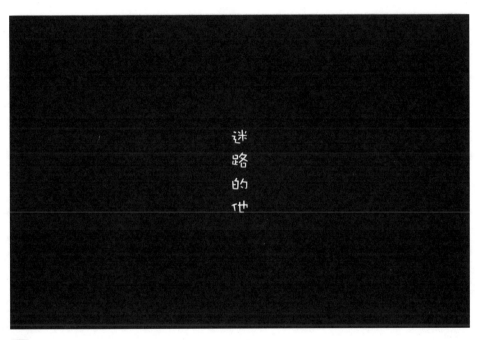

5 ▶

6 ▶

Chapter3

7▶

8 ▶

呜呜～～阿婆～～～～这好感人～～～～

让羊哥来分析一下刚才影片中的画面：

★宠物安静的时候，
可以把镜头推近，捕
捉细腻的画面。

★拍摄宠物要特别谨
慎地选择角度，从高
往下拍，是主人的主
观镜头；蹲下和宠物同
高，可以更贴近宠物眼
中的世界；从下往上拍
摄，会让宠物有种被
尊敬的感觉，但也会
显得有种孤傲感。

★宠物冲向主人时，请注意摄像机的安全。

★宠物在寻找我们的时候，有种很特别的魅力。如果拍的是背影，叙事力量
将会更强。不过拍摄这种画面时小心别让他们走丢了……

★宠物撒娇、趣味动作、特殊技能，这些画面，都是非常重要的元素。

★如果想和自己的宠物进行互动，别吝啬，就让别人掌镜吧！

★人类不懂动物的语言，但是宠物在想什么，主人却懂！利用文字卡片传达宠物的想法，可以强化影像，让画面更充满魅力。

PARTY拍拍乐

▶ 生 日 · 婚 礼 · 同 学 会 　 收 藏 幸 福 的 瞬 间

生活中常常有办Party的时候，如何拍摄Party呢？这和前两节介绍的旅游、宠物主题不同，节庆日Party的拍摄属于记录性质，不可能演练、事先安排好，如果有一个流程没拍到，更不可能喊cut重来！针对这种"有计划性的主题"，我们就要先模拟演练，安排好拍摄的顺序和重点。

可以再吹一次吗…我刚没拍好

🍂 皮克生日派对 🍂

策划人：林祖婆

17:00 寿星进场　　来宾丢彩带

17:05 主持人致辞

17:10 蛋糕出场　　寿星许愿

17:12 切蛋糕

17:20 萝卜蹲大赛

活动前，先向活动的负责人要一本活动流程，纸本或口头了解都可以。

按照活动主题和流程规划，找出这次拍摄的重点，锁定拍摄对象，比如：生日Party就要锁定寿星，婚礼的焦点当然就是新郎新娘。

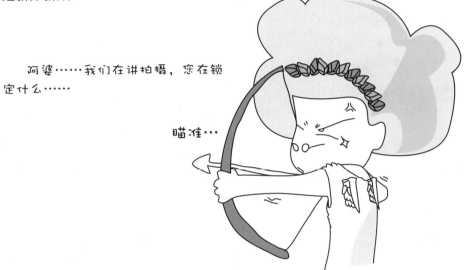

阿婆……我们在讲拍摄，您在锁定什么……

瞄准…

以刚才拿到的生日Party流程为例：

影片的开头拍摄重点为皮克进场、大家丢彩带，此段影片要营造Party欢乐热闹的气氛。

这边可以倒退着拍（注意安全）
或者站远一点随着主角走近而zoom out

主持人和大家嘘寒问暖并且介绍今天派对的内容，这段可以选择性地看是否需要放到影片中。

吹蜡烛如果是此活动的一场重头戏，一定要抢到好位置，按下录像之后就不能停下来，要一直录到此活动告一段落。

假设主角要走到台上，选择并站到好的位置之后，开始跟着主角的方向顺势PAN到正前方

派对的过程中，摄像机可能会被路人挡住，可以请对方借过或者立刻换到好的位置，要记住活动的过程不会重来！

记录过程中可以不需要太多摄影机运动，放在脚架上并且找到好的拍摄角度，诚实地记录下现场发生的事情吧！

活动中除了主角，一定也要拍摄其他参与者在这个活动中参与的情形。

阿婆蹲 阿婆蹲……

如果能够访问现场参与者说一下当时的感想，这绝对会成为很好的素材，也是重要的纪念！

拍摄时，一定要注意摄像机的电力供应问题，建议携带备用电池，并且在前一天测试电力是否充足。
先估计一下这样的拍摄时间需要多大的摄像机硬盘空间、多少卷DV带。总之一句话，做好准备才能安心啦。
提早到现场规划拍摄路线，注意自己的路线不要影响到活动的进行。

亲子拍拍乐

▶ 宝 贝 笑 一 个   记 录 小 天 使 的 美 丽 时 光

　　家长最疼自己的孩子，买了DV，想要好好记录宝贝的成长过程，该怎么拍才好呢？

　　前面的章节中已经向各位介绍了怎么讲旅游故事，怎么拍摄节庆活动，怎么剪辑宠物影片……

友情客串：猴仔

　　您可以灵活运用这些拍摄、剪接的技巧，套用在任何主题的影片中。接下来，向各位隆重介绍另一重头戏——拍摄小孩的重点！！

放低角度　捕捉超可爱

父母站立时，捕捉到的画面构图，会把孩子拍成小矮子，看起来头重脚轻，建议各位放低拍摄角度，就可以清楚地捕捉到您家宝贝的表情变化。

站立拍摄孩童

与孩子同高

只要蹲下或坐下来拍摄，让摄像机和您家宝贝保持在相同的视线高度，就这么简单！

记录声音　让画面更有范儿

小孩纯真的童言最迷人啦，拍摄时一定要多利用摄像机可以记录声音的特点，好好记录下来。

我从石头来 带着兰花草

摄像机先生　您可以再靠近一点

　　在家中拍摄时，不一定要使用Zoom的方式推近或拉远画面，您可以直接走向小孩。大部分小孩都不会害怕摄像机，除非对摄影的人不熟悉或不信任，才会露出不安全感或哭闹。如果您是拍摄自己家的宝贝，就不会有这个问题！

知了

靠近被摄者，能够确保收音清晰，也有助于强调影像画面的重点（提醒大家注意移动时，请尽力保持画面稳定）。

家用DV如果没有添置外接的指向式麦克风
远距离收音效果不佳

知了

在不影响拍摄对象的情况下，您可以更靠近对方，收音效果更好！可以捕捉到更多的人物表情细节！

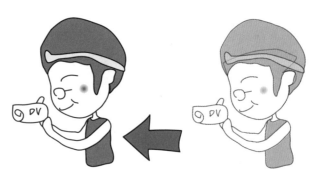

不影响被摄者情况下可以直接靠近，
收音效果更佳，人物表情细节更多

Chapter 3

欢乐刹那间　就是这样拍

用小孩感兴趣的人事物，来吸引小孩对摄像机的注意，还能捕捉到自然、丰富的表情。

镜头中

事实上

（摘选自Youku：http://v.youku.com/v_show/id_
XMTUyNDAxNjQ4.html）

小孩和宠物的行动路线、反应完全难以预料，因此拍摄到的画面才会弥足珍贵。建议拍摄前做好准备功课：多耐心等待、多试试诱导、了解孩子的喜好。网络超红影片**"一个小娃娃和一粒米的战争笑死人"**，就是很好的例子！

注意以上几点之后，您记录下来的精彩画面，将是宝贝小孩一辈子的回忆哦！

多了解孩子的作息、喜爱的东西、对事物的反应，就不愁抓不到拍摄画面啦！
再次提醒，拍摄时一定要注意自己、孩子和摄像机的安全。

Chapter 4

Production

Chapter 4

好好用特效

DATE

看过来！
网络免费百宝箱

▶ 超炫特效 影像合成 光盘标签 不花钱统统搞定

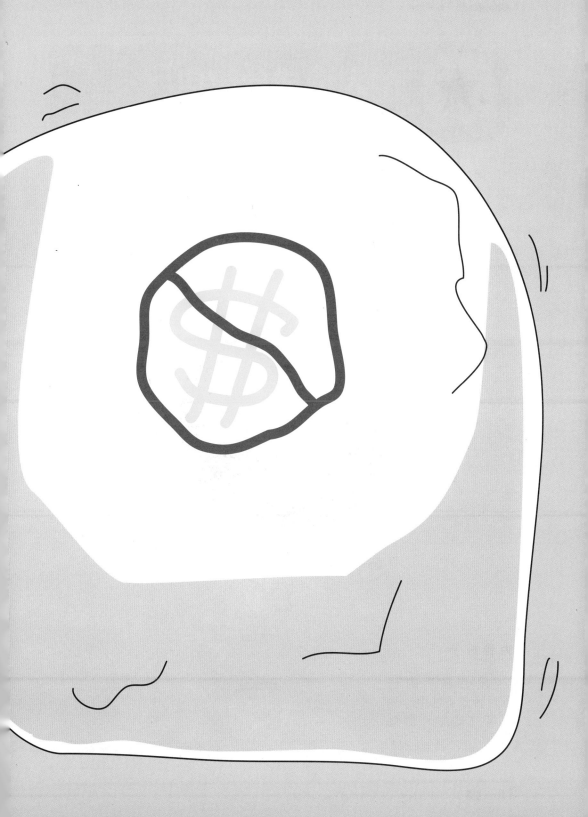

懒人速成分享包

▶ 想 到 的 没 想 到 的 　 免 费 好 货 都 在 这

　　网络资源比比皆是，聪明又懂得精打细算的各位一定要懂得善用网络资源！羊哥我发现网络上有许多免费资源（最重要的是，都是合法的哦），都可以简单地拿来使用。

　　有了这些调味料，影片就像清汤中加入一匙鲜鸡精，更加五味俱全啦！来吧～好东西都在这，快来瞧瞧。

免费好货

　　没有好听的音乐、音效可以用？没有漂亮的影片倒数画面？

这个嘛……网上当然有啦！

Windows Movie Maker Creativity Fun Pack

▶ Yes！新手上路！

http://www.microsoft.com/windowsxp/downloads/powertoys/mmcreate.mspx

Download the Windows Movie Maker 2 Creativity Fun Pack

Published: April 22, 2003

Make home movies like a pro with <u>Windows Movie Maker 2</u> and this brand new collection of creative extras, including video titles, music and sour effects. Whatever the occasion, there's something here that will help you make your home movies even better!

Note: Do you only want the titles or the music and sound effects? No problem. Choose either the **Full Fun Pack** from the column at right, or the **Partial Fun Pack** that you prefer.

All sounds and music are provided by <u>SoundDogs.com</u>. SoundDogs.com has delivered sound effects for over 60 feature films, including Academ Award nominated films *Meet the Parents*, *The Wonder Boys*, *As Good as It Gets*, *The Green Mile*, *Titanic*, *Stuart Little*, and *Jerry Maguire*. They h over 155,000 sound effects, music clips, and samples online.

Titles and End Credits

Choose from a selection of six "countdown," "the end," and blank video titles to add to your home movies. Use the blank clips to add your own ti using the Movie Maker titling engine.

 Music Tracks and Music Transitions   Sound Effects

 Static Titles   Video Titles and End Credits

这是微软给MM2使用者免费使用的素材，里面包含音乐、音效、图片、影片等，图中那幕漂亮的倒数画面，就是从这个免费素材包抓出来的。还在烦恼没有素材可用？快下载来试用吧！

魔力树
▶ 网 络 分 享 的 特 效 良 伴 ！
http://motiontree.com

❶ 进入后跟Youku一样要先注册～

❷ 只有四个栏目，让我们耐心地填完吧！

❸ 注册完成，成为会员。可以开始制作了！

Chapter ❹

④ 这就是超神奇的魔力树！让我们先选择模板。

⑤ 接着，选择"加入相片"的方式。首先就来上传我们电脑中的相片。

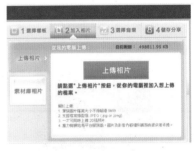

⑥ 上传过的相片，就可以在魔力树的素材库中自由使用喽。

⑦ 上传后，素材就会加入我们的影片。多利用下方的这些编辑区，给图片一些有趣的注解，让画面更生动！

⑧ "对话框"和"装饰"的功能超好玩，您一定要多试试～

⑨ 不满意相片的位置和大小？不要紧，您可以随心所欲直接调整！

⑩ 配乐是影片的重要灵魂！选择自己喜欢的音乐，操作方法和上传相片的方式一样简单。

⓫ 就是这么简单！三两下就完成影片大作啦。按下"储存与分享"按钮，影片正式上线啦！

⓬ 操作方法如同Youku，我们可以把这段影片的网址寄给朋友，或将这个网页直接嵌入自己的部落格！红箭头所指的位置是复制影片的网址，如果没有出现，得点一下笑脸就会出现了。复制网址，把网址贴到E-mail中，就可以发送给朋友们，让大家欣赏您的大作啦！

那我为什么要学MM2……

　　这种懒人套用法，制作相片影片时虽然很方便，但是没有办法自己制作，在这里那里动动手脚，表现您的大创意。最重要的是，魔力树制作出来的相片影片，只能在网络上观赏分享，无法下载成影片文件，如果您想把影片刻成DVD或做其他运用，就没办法了。所以您才全部都要学！

有没有高级的免费影像处理软件啊？

羊哥我提供一个网上的免费好用工具～

PICNIK
► 影 像 处 理 不 用 买 软 件
http://www.picnik.com

picnik

picnik的网页看起来就有在郊外野餐的感觉，没错！就是取英文谐音。

Photo editing made fun

Picnik makes your photos fabulous with easy to use yet powerful editing tools. Tweak to your heart's content, then get creative with oodles of effects, fonts, shapes, and frames.
It's fast, easy, and fun.

Get started now!

Free! No registration required.

- Fix your photos in just one click
- Use advanced controls to fine-tune your results
- Crop, resize, and rotate in real-time
- Tons of special effects, from artsy to fun
- Astoundingly fast, right in your browser
- Awesome fonts and top-quality type tool
- Basketfuls of shapes from hand-picked designers

这个网页提供的特效有很多，有付费和免费之分，但相信免费的功能已经能够满足大多数人的需求啦！picnik的界面十分简单，什么？阿婆看不懂英文！别担心，让我们打开语言转换的选项。

好啦～那就选"简体中文"吧！！！！

全部都变成中文啦！让我们来上传相片吧～

显示上传进度的小工具真的是超可爱！

"自动修正"、"旋转"、"裁切"、"Resize"等，修片的基本功能非常齐全！

图·片加工的功能更让人兴奋，"效果"、"文字"、"贴纸"等效果，光是用免费账户的那些功能，就已经能够做出让人惊艳的图片了～

利用这个网站来制作字卡的背景图片或图卡，保证效果让人惊一下！

这就像是一套迷你的影像编辑软件，短短的篇幅是无法介绍完整的，接下来就要靠大家自己动手去玩啦！

羊哥，这这这太酷炫了！又省下一笔～

我老花眼不会设计取……有没有免费的光盘标签可以拿来用啊？

设计跟老花眼没有关系吧……不过免费漂亮的光盘标签下载我可以提供啦！

光盘标签滴唉歪

▶ 漂亮又免费！

http://dvd.maxell.co.jp/ent/label/index.html

这里有许多光盘标签可以选择！超棒的～喜欢的，全部下载打包带回家啦！

直接印出来就OK。或者，您可以利用影像处理软件来做点小加工，经过后期制作就变成一张个性化十足的光盘标签啦～～

在线影像合成网站

▶ 合成好好玩！

http://www.photofunia.com

PhotoFunia有人脸侦测的功能，可以全自动帮您完成复杂的合成照片！

有些图的左下角会有人头标志，表示这需要上传有人头的照片，网站会帮您自动侦测，把头部合成到这个模板。

必须上传有脸部的相片

如果左下角没有灰色标志，就表示您可以上传任何相片，就算是风景照也可以！

制作好的相片可以网上订购
请PhotoFunia的合作厂商印制在T恤或马克杯上

上传后将会制作GIF动画给您

Select your photo

Gallery

Your image should be in JPEG, GIF or PNG format and must not exceed the size of 8 MB.

USB Still Image Analyzer
Monitor and Analyze Still Image Data Flow
www.hhdsoftware.com
◀▶

1. 选择档案 尚未选取档案
2. 选择档案 尚未选取档案
3. 选择档案 尚未选取档案
4. 选择档案 尚未选取档案
5. 选择档案 尚未选取档案

这边我只先选择一张也可以，接着按下方的NEXT按钮，稍待片刻～出现啦！

按下最左边的小磁碟片就可以存回电脑喽！羊哥您什么时候会说法文了⋯⋯还是说中文吧⋯⋯（译：太精彩了！）

Original photo by Thomas Hawk

merveilleux~

Save to disk　　Save as avatar　　Publish　　Send as postcard

这真的是太简单、太方便了。

FACEINHOLE

超级笑果游乐园！

http://faceinhole.com

看到这个功能，就好像来到游乐场，只要把头套进人形立牌，效果立刻出来，又方便又好玩！

把脸放进预设模板的洞里，就可以啦。您也可以动动手，再调整大小、角度、颜色、明亮与对比，进行合成。这个网站真的非常神奇，会为您的光盘带来超强的笑果和效果。

可以选择Image Upload来上传相片。或用Webcam网络摄像机来拍照。我以Image Upload来示范。

Faceinhole和Photofunia都可以呈现有趣的合成效果，不同的是，Faceinhole在上传后，要再做一些调整；Photofunia会自动侦测人脸来进行合成。您可以多多尝试，找出自己想要的风格。

上方的工具列由左至右依次是："**左旋转**"、"**右旋转**"、"**放大**"、"**缩小**"、"**水平翻转**"、"**细部调整**"。如果"细部调整"的白色面板遮挡到脸，只要用鼠标贴着白色面板，就可以自由地把它拖拉到合适位置。好了，我们可以按下右上方的箭头啦！

完成制作后，就可以下载图片，单击鼠标右键，弹出的快捷菜单中选择"**将影像储存为……**"，把图片存在电脑里，以后就可以自由运用这个影像。接下来，网页会跳到新的页面，提供很多嵌入网站的方式。

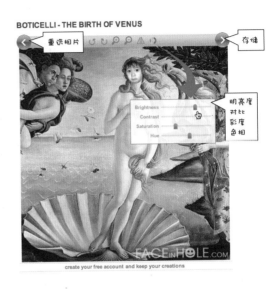

成果如下

JPGFUN

▶ 哇噻大头贴！

http://www.jpgfun.com

JPG是现在非常热门的压缩图片格式，能让您的图片更生动有趣！各式各样的图片合成功能，和刚刚单纯合成大头的效果不同！

羊哥来翻译一下上方的Menu

Home Page ◗ 首页

Effect List ◗ 特效列表

Magazine List ◗ 杂志列表

Frames List ◗ 外框列表

Gallery ◗ 网友的作品

Top Effects ◗ 最火热的特效

Recently saved ◗ 最近网友上传的作品

All Effects ◗ （特效+杂志+外框）列表

我以"Effect List"做示范，选择后，先上传一张相片！

接着只剩下三步，第一：选择一个特效。第二：在相片中，选择希望出现特效的大小范围。第三：按下制作按钮，完成了！

成果非常有趣，按下"save to disk"，立刻把图片存回电脑～

更多有趣的合成效果，包管您一试就会满意～

封面人物您来当！

想让自己出现在喜欢的杂志封面？想在图片中的墙壁写字，刻个"林祖婆到此一游"？或者，想在图片中的模特儿身上留言？想再使用Faceinhole的功能？这个网站拥有四大功能，一次满足您所有的特殊需求！

四大功能分别是：

Card ❍ 可以随意在图片上写字合成，满足您爱刻字留言的癖好。

Photomontage ❍ 类似Jpgfun的Effect List，呈现有趣的人脸合成效果。

Magazine Covert ❍ 类似Jpgfun的Magazine List，想当封面人物，一按就成。

Face in Hole ❍ 就是Face in Hole的功能，可以把脸套进类似游乐园里的人形立牌。

进入Card的列表。

「Card」的写字功能，羊哥我还没为您示范过，事不宜迟……GO！

Create a card (Step 2/3)

Enter the text you want to place over the card

ATTENTION: Do no write any mobile number, email address or name inside your card. All the tex

Card Text:

WHAT A WONDERFUL WORD

要输入英文

Create your card →

各位飞行员大家一起推荐好
网站～

只有四个简单步骤：

第一，选择想要留言的图片。

第二，单击制作按钮。

第三，输入想要写在图片上的文字。

（小小遗憾的是，目前只接受英文
留言。）

第四，单击按钮，效果来喽～

Create a card (Step 3/3)

Here it is your generated card!

还可以自制杂志封面

看到成果之后，旁边会有一
个"Save"的选项，按一下，
就可以把图片下载回电脑！

网络世界更新速度突飞猛进，
如果书中图片和您打开的网页
内容略有差异，请不要太过
惊讶，这是因为网站更新了内
容，基本操作都大同小异。
去吧，各位，放手操作，创作
出您独一无二的影片大作！

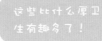
这些比什么厚卫
生有趣多了！

这又不能吃

……

Production

Chapter 5

羊哥研究室

DATE

常见问题大集合

▶ 新手上路，不要怕！超实用的Q&A在这儿

在影片制作的过程中，您可能会遇到大大小小的问题，
羊哥整理了一些常见问题，供大家参考，一起提升影片制作的功力！

Q 我的硬盘可以装几部影片？

A 现在科技日新月异，容量超大的硬盘未必就体型庞大、重量超重。目前市场上的硬盘容量从80GB到2TB（1TB = 1 024GB）都有，制作影片时会用到Movie Maker的DV-AVI转档格式，一小时的影片大约是12G容量，所以市场上的硬盘大小对于剪辑个人影片，完全是绰绰有余的！

制作好的影片，若已刻出DVD或上传到Youku，如果没有再修改的需求，就可以把素材从电脑中删除，释放硬盘空间。

容量大，不代表硬盘体积就更大
资料删光也不会变轻哦！

原来如此～赶紧去买！

注：目前市场上使用的硬盘大致分为IDE与SATA的传输规格，连接的数据线和硬盘自带的电源接头都不同，要注意主机板支持的规格。如果不清楚传输规格，建议请了解硬件的朋友帮助选购。

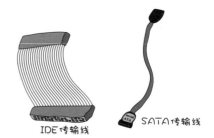

IDE传输线   SATA传输线

Q Movie Maker可以刻录光盘吗？

A Movie Maker本身并不能刻录DVD。

如果您的计算机系统为Vista，可以利用内置的DVD MAKER，来使用刻录功能。

如果您的计算机系统是XP，推荐您去下载一个很好用的免费软件——"DVD Styler"，可以制作选单与刻录DVD影像光盘。

 http://www.dvdstyler.de/

Q **AVI、WMV到底是什么东西?**

A 扩展名（Filename Extension，也称为"延伸文件名"），是让操作系统识别文件格式的一种手段。平常我们只能靠各文件对应的应用程序图标来识别，让我们来解除XP默认的"隐藏扩展名"，瞧瞧扩展名究是怎么一回事!

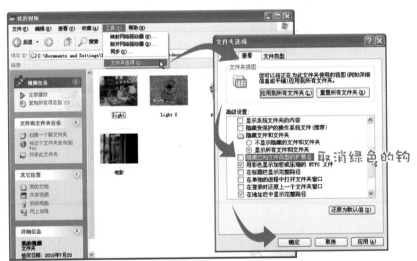

通常情况下，我们看到的是像这样没有显示扩展名的文件，进入上方的"工具→查看"，选中滚动条，在下面找到"隐藏已知文件类型的扩展名"，把绿色的钩钩取消。
哇～扩展名就出现啦!

AVI（Audio Video Interleave）： 是多媒体播放格式。如果声音和影像属于不同的编码格式，可以扩展这个文件格式的自由度，但是当用户没有这种编码器时，很可能会出现有影像无声音、有声音无影像，甚至无法播放的情况发生。好在Windows具有强大的兼容性，目前这种格式仍被广泛使用。

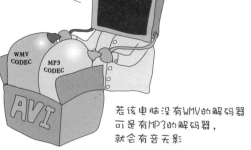

若该电脑没有WMV的解码器，可是有MP3的解码器，就会有音无影

影像跟声音可以用不同的编码器，最后使用AVI来封装

例如：影像使用WMV编码，声音用MP3编码，最后封装为AVI

MPEG（Motion Picture Experts Group）： 目前常见的有MPEG-1和MPEG-2，MPEG-1是VCD的编码方式；MPEG-2被运用在HDTV、DVD与SVCD上。

WMV（Windows Media Video）： 是微软公司开发的一组数字视频编码格式，通常与WMA（Windows Media Audio）声音格式，混合封装在一起，以WMV或ASF的方式呈现。

除了VCD是MPEG-1，DVD、SVCD、HDTV用的都是MPEG-2技术！

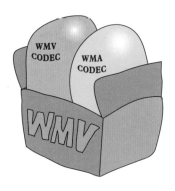

其他常见的文件格式有： MOV、RM、RMVB、FLV、MP4和VOB等，这些文件格式同样追求"量小质优"的特性——文件虽小，但是画面与声音却保持一定的水平。

Q 文件格式这么多种，该如何选？

A 本书介绍了两种输出方式：以WMV文件输出、上传到Youku。

以WMV文件输出： 文件小，可以自定义画面品质。这种文件格式适合存在随身碟中，方便随时播放做简报，发送电子邮件时（通常是10MB的附件限制）为避免文件过大，所以适合以这种文件格式寄送电子邮件，或以MSN传给朋友。

上传到Youku： 在Youku上传视频，一般单个文件大小在200MB以内，但通过"iku客户端超G上传"

最高可达1.2GB，可以大大提升影片的质量。贴上网址后，只要连到Youku就可以观赏影片。

对于一般的用户而言，上传到Youku、选择微软的WMV、刻录成DVD这3种输出方式，羊哥我认为都是轻松方便、播放无误的方式！决定输出方式时，您可以考虑一下影片有多长？要给谁看？如果想要在网络多多放送，建议使用WMV和上传 Youku的方式；如果想要确保高画质的影像，并且保存下来，建议直接刻录成DVD。当然啦，您也可以同时使用3种输出方式，既能保存，又方便在网络播放！

Q 冒出很多红色X，怎么办？

A 别担心！这可能是因为该素材被您重命名、删除或者移动位置了！

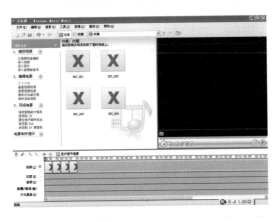

只要在红色X的素材上，单击鼠标右键，选择"查找丢失的文件"，找到这个素材在电脑中的位置即可。

如果您不小心移动了项目的文件夹，而项目中存放有一百张照片！？不用担心还要一张一张点选照片到手指抽筋，您只要找到其中的一张照片，Movie Maker就会帮您找到这个文件夹中的其他相片哦。

羊哥我给您一个善意的提醒，还没完成制作的项目，尽量保持文件的完整性。因为电脑不是人脑，脑筋没办法转来转去的哦！

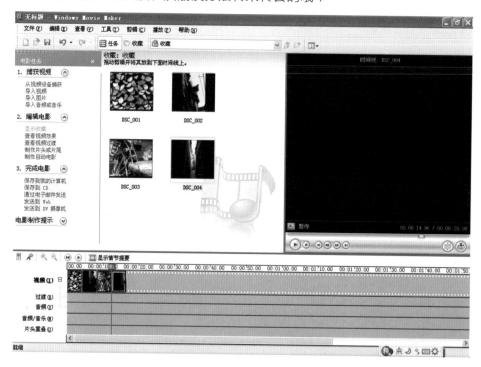

Q 我已经把Movie Maker摸熟了，可用哪套剪辑软件来进阶呢？

A 如果Movie Maker已经无法满足您的需求，恭喜您，您已提升到另一个层次啦！建议使用"威力导演"、"会声会影"，来深入学习剪辑影像的奥妙。如果您玩上瘾，下决心朝专业之路迈进，可以选择Premiere、Vegas、Edius Pro、Final Cut Pro等软件。

在此也要提醒大家……软件价格也会随着"进阶"哦……

恭喜您升级了

Q 我对剪辑影片越来越有兴趣，如何补充相关知识？

A 提供大家几个好用的网络资源：

问　　题	网　　站	网　　址
专有名词的解释	维基百科	http://zh.wikipedia.org/
各式各样的疑难杂症	Google	http://www.google.com.hk
	Yahoo知识堂	http://ks.cn.yahoo.com/
本书作者网站	KUSO ART	http://kusoart.com

　　面对比比皆是的网络文章，我们必须以审慎的态度来阅览。在这个信息爆炸的社会中，信息传播迅速，但有些未必完全正确的信息可能被广为"误传"，大家一定要多方吸收、求证，才是真正优秀的现代网络公民哦！

终身成就奖

★ 林祖婆结业感言

今天能够得到这个奖
我要感谢…
我的老师羊哥
我的宠物达达
我的邻居皮克
没有你们
就没有今天的我
也在此恭喜每位结业的朋友
有缘再见啦～ BYE!

后记

　　亲切小问答"Look！"，看起来好像是对显而易见的问题在自问自答，但是相信我，这些问答是必需的！一般的计算机用书对于已然公认的"真理"不会在书中多加笔墨，但对计算机不是很熟悉的用户反而会产生很多不解的困惑。

　　当然，在短短的一百多页中就让大家有所得、无所惑，对白羊来说实在是一大挑战，所以我很注重售后服务，任何相关问题欢迎到我的网站或寄信给我。（howshome@gmail.com）

　　列感谢名单？这好像是在得奖的时候才会出现的画面……
　　白羊在此由衷地感谢飞行猫创意社Jeff对此书一路的帮助；感谢笛藤出版社的钟先生慧眼识白羊，才有本书的出版；感谢家人、朋友对我的支持与鼓励；更重要的是要感谢内湖社区大学影像剪辑班的各位同学，因为你们，我才有完成这本书的动力！

　　是的，我没有忘记还有正在看这本书的您。
　　谢谢。

白羊
2009.9.5

内容简介

本书以轻松有趣的方式将影像剪辑的相关内容及技巧做了详尽的描述，使读者可以很容易地阅读和学习。本书绝无添加晦涩难懂的专有名词和长篇大论的解释，流程说明完全"口语化"，给您清爽无负担的学习享受，包管您营养好吸收快，看得轻松、消化容易、无头晕目眩副作用。

七天！真的只要七天！人人都能成为Youku上的大导演！

本书试着从一个轻松的角度切入，希望能让年轻朋友到爷爷奶奶，从10岁到80岁，阅读起来统统零负担，然后用影音剪辑发挥你们的创意，做自己生活的大导演。

本书为笛藤出版图书有限公司授权电子工业出版社于中国大陆（台、港、澳除外）地区之中文简体版本。本著作物之专有出版权为笛藤出版图书有限公司所有。该专有出版权受法律保护，任何人不得侵犯。

版权贸易合同登记号　图字：01-2010-4937

图书在版编目（CIP）数据

DV拍摄真简单！人人都能当Youku导演/白羊著.--北京:电子工业出版社,2010.10

ISBN 978-7-121-11859-3

Ⅰ.①D… Ⅱ.①白… Ⅲ.①数字控制摄像机－基本知识 Ⅳ.①TN948.41

中国版本图书馆CIP数据核字（2010）第182584号

责任编辑：何郑燕

文字编辑：田　蕾

印　　刷：中国电影出版社印刷厂

装　　订：中国电影出版社印刷厂

出版发行：电子工业出版社

　　　　　北京市海淀区万寿路173信箱　邮编：100036

开　　本：787×980　1/16　印张：10.5　字数：268.8千字

印　　次：2010年10月第1次印刷

印　　数：4 000册　　定价：49.00元